太空教师天文课

探索宇宙的方法和工具

"学习强国"学习平台　组编

科学普及出版社

·北　京·

编 委 会

支持单位

国家航天局

南京大学

中国科学院国家天文台

中国科学院紫金山天文台

序

习近平总书记高度重视航天事业发展，指出"航天梦是强国梦的重要组成部分"。在以习近平同志为核心的党中央坚强领导下，广大航天领域工作者勇攀科技高峰，一批批重大工程成就举世瞩目，我国航天科技实现跨越式发展，航天强国建设迈出坚实步伐，航天人才队伍不断壮大。

欣闻"学习强国"学习平台携手科学普及出版社，联合打造了航天强国主题下兼具科普性、趣味性的青少年读物《学习强国太空教师天文课》，以此套书展现我国航天强国建设历程及人类太空探索历程，用绘本的形式全景呈现我国在太空探索中取得的历史性成就，普及航天知识，不仅能让青少年认识了解我国丰硕的航天科技成果、重大科学发现及重大基础理论突破，还能激发他们的兴趣，点燃他们心中科学的火种，助力青少年的科学启蒙。

　　这套书在立足权威科普信息的基础上，充分考虑到青少年的阅读习惯，用贴近青少年认知水平的方式普及知识，内容涉及天文、历史、物理、地理等多领域学科，融思想性、科学性、知识性、趣味性为一体，是一套普及科学技术知识、弘扬科学精神、传播科学思想、倡导科学方法的青少年科普佳作。

　　我衷心期盼这套书能引领青少年走近航天领域，从小树立远大志向，勇担航天强国使命，将中国航天精神代代相传。

中国探月工程总设计师

中国工程院院士

2024 年 3 月

大约 20 亿年前，一颗比太阳重 20 多倍的"超级太阳"燃烧完它的核聚变燃料后瞬间坍缩，引发巨大的爆炸，发出了一个持续几百秒的巨大"宇宙烟花"——伽马射线暴。它产生的高能伽马光子穿过茫茫宇宙，于 2022 年 10 月 9 日抵达地球。

接收到此次宇宙事件的，正是位于我国四川省稻城县的高海拔宇宙线观测站。

让我们跟随"太空教师"王亚平的脚步，开启探索之旅吧！

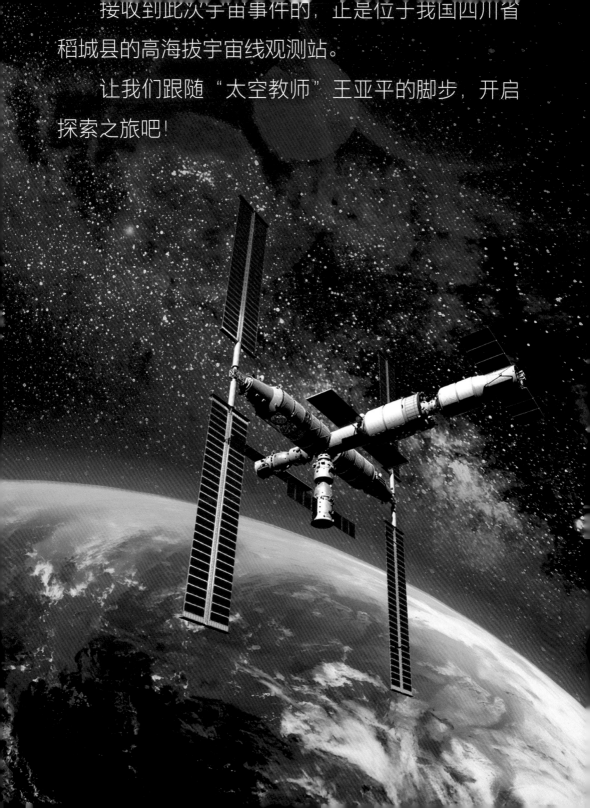

目 录

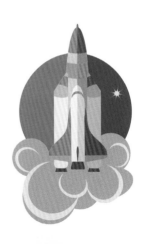

「看」宇宙的五种方法

扫码观看在线课程

随着科技的不断进步，人类观测宇宙的视野越来越辽阔，如今已经能够借助大型望远镜"看到"距离地球百亿光年外的遥远天体。

想要精确地了解宇宙的演化，需要观测海量的星系。那么，人类"看到"宇宙的方法有哪些呢？

现在我们就一起来了解一下。

人类"看"宇宙的方法主要有五种。

第一种，对天体进行直接探测。比如我国的探月工程，探月工程一期实现了环绕月球探测，二期实现了月面软着陆和自动巡视勘察，三期实现了无人采样返回，这些都属于直接探测的范畴。

但是，由于技术手段的限制以及天体间巨大的空间跨度，人类在现阶段能够直接探测的天体少之又少。

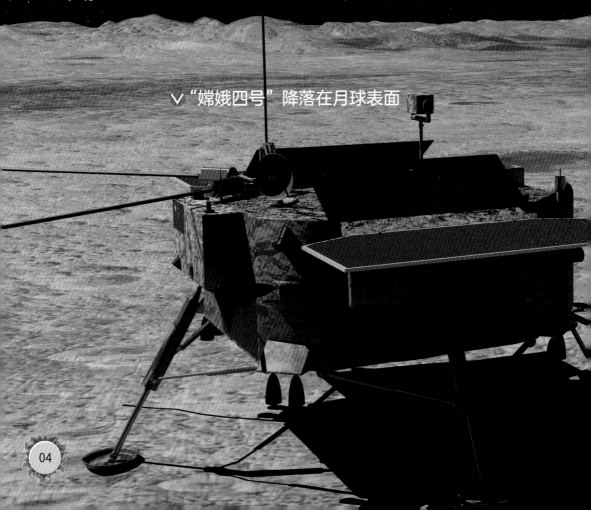

∨"嫦娥四号"降落在月球表面

中国航天探月之旅

2007 年 10 月，中国自主研制、发射的第一颗绕月人造卫星"嫦娥一号"成功进入环月工作轨道。

2010 年 10 月，"嫦娥二号"发射成功，提供了全月球的立体影像图。

2013 年 12 月，"嫦娥三号"在月球虹湾地区实现软着陆和巡视探测。

2019 年 1 月，"嫦娥四号"实现人类探测器首次在月球背面软着陆。

2020 年 12 月，"嫦娥五号"携带月壤回归，我们收获了研究月球的宝贵科学样品。

至此，中国探月工程圆满完成了"绕、落、回"的三步走，我国成为世界上第三个实现月球采样返回的国家。

火星，我来啦！

∧ "天问一号" 探测器

飞向火星

除了月球，探测火星也是中国航天计划中重要的一部分。

2020 年 7 月，"长征五号"遥四运载火箭托举着"天问一号"探测器升空。

2021 年 3 月，国家航天局发布了三幅由"天问一号"探测器拍摄的高清火星影像图。

"天问一号"探测器于 2021 年 11 月至 2022 年 7 月实施了 284 轨次遥感成像，对火星表面实现了全球覆盖。

第二种"看"宇宙的方法是观测宇宙线。

宇宙线是来自宇宙空间的高能粒子流，它们携带着宇宙起源、天体演化、太阳活动及日地空间环境等重要科学信息。

"飞毛腿"宇宙线

宇宙线以近似光速移动，能量非常高，是产生于宇宙深处的高能"子弹"。研究宇宙线是人类探索宇宙的重要途径。

世纪之谜

　　1912 年，人类首次发现宇宙线。高能宇宙线来自哪里？这是自人类发现宇宙线以来，跨越了整整一个世纪的未解之谜。

"拉索"是世界上规模最大、灵敏度最高的宇宙线探测装置。

∧ 明安图观测基地

你知道吗？除了世界著名的"拉索"之外，我国还有很多观测站。比如被誉为"草原天眼"的明安图观测基地，它是我国保障近地空间安全的重要基础设施。

第三种"看"宇宙的方法是探测中微子。

中微子通常来源于天体的核心部分，携带了天体核心的信息。它是一种非常特殊的粒子，几乎不与其他物质发生反应，所以很难被探测到。

类星体活动造成的外流和风艺术想象图

江门中微子实验室

我国于 2015 年开始建设江门中微子实验室，旨在测定中微子质量顺序、精确测量中微子混合参数，并进行其他多项科学研究。

在你的想象中，中微子是什么样子的？

第四种"看"宇宙的方法是探测引力波。

引力波是广义相对论的重要预言之一，对引力波进行探测也是我们解码宇宙的方法之一。

∧ 引力波的计算机模拟图像

寻找引力波

20世纪70年代，中国科学家就开始了引力波研究。

2008年，中国科学院空间引力波探测论证组成立。

2016年，中国科学院正式提出空间引力波探测"太极计划"。

除了"太极计划"，"天琴计划"和"阿里原初引力波探测计划"也是我国引力波研究计划。

第五种"看"宇宙的方法是电磁波探测。

天体的辐射涵盖了宽广的电磁波段，从射电、红外、可见光、紫外、X 射线到伽马射线。如果我们收集到天体发出的电磁波，就有可能反演出天体的一些重要的物理状态。

∧ 蓝色电磁场

我是卫星，可以帮助人类探测电磁波。

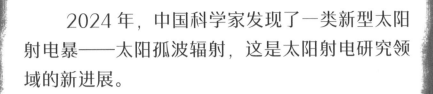

2024 年，中国科学家发现了一类新型太阳射电暴——太阳孤波辐射，这是太阳射电研究领域的新进展。

你听说了吗？人类又有新发现。

他们真是太厉害啦！

02

天文望远镜

扫码观看在线课程

天文望远镜是我们最熟悉的一种天文观测设备。天文望远镜根据探测波段可分为很多种，我们常见的有射电望远镜和光学望远镜。

射电望远镜指接收和测量天体发射的无线电波的望远镜。一般来说，它由天线和接收机两部分组成。

其中，天线主要负责接收天体发射的无线电波；接收机把由天线传来的高频电信号放大，再把高频电信号变成可测量和记录的低频电信号或可直接记录的图形。

光学望远镜聚光能力强，因此能观测到微弱的天体。常见的光学望远镜有折射式、反射式和折反射式三种。

想一想

你知道哪些射电望远镜？

说到射电望远镜，就不得不提位于上海松江的天马望远镜，它于 2012 年落成。

特点：

- 口径达 65 米

- 全方位可动的大型射电望远镜

 天马望远镜

"中国天眼"是世界最大的单口径地基射电望远镜。它拥有 30 个标准足球场大的接收面积，能大幅拓展人类的视野，用于探索宇宙起源和演化。

捕获脉冲星的小能手

人类想要走向外太空，寻找脉冲星是绕不开的一步。

观测脉冲星是"中国天眼"的科学目标之一。截至 2024 年 4 月，"中国天眼"已经发现 900 余颗脉冲星。

"中国天眼"有何独特之处？

"中国天眼"坐落于我国贵州省，是利用当地洼地的独特地形条件建造而成的。它的独特之处在于采用主动反射面及光机电一体化馈源支撑系统。除了我们提到的宇宙起源和演化，它还可以用于脉冲星、地外生命的搜索，以及深空探测的地面跟踪与遥控等。

∨ "中国天眼"

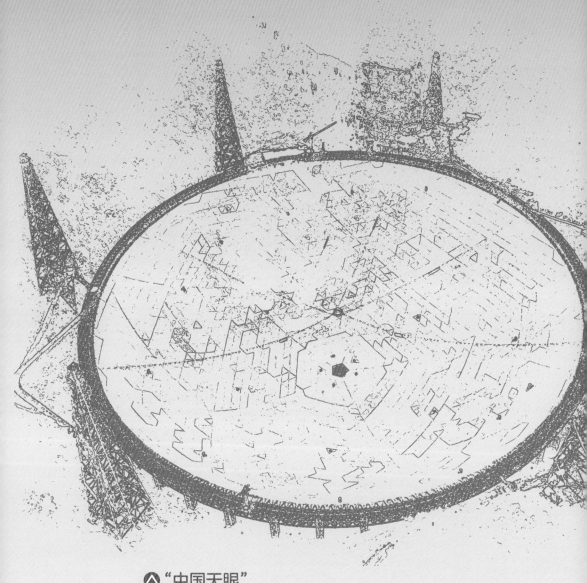

∧ "中国天眼"

"中国天眼"诞生记

2005年11月4日
"中国天眼"立项申请工作正式启动。

2006年7月15日
"中国天眼"确定建在贵州省黔南布依族苗族自治州平塘县大窝凼洼地。

2010年9月26日
"中国天眼"工程台址施工图设计通过专家评审。

2016年9月25日
"中国天眼"落成启用。

2020年1月11日
"中国天眼"通过国家验收工作，并正式开放运行。

"中国天眼"的国际贡献

　　自2021年3月31日起,"中国天眼"面向全球开放。这代表着中国为国际科学界提供了一个强大的研究工具,对推动全球天文学和物理学的发展具有重要意义。

▼"中国天眼"

这一举动不仅展示了中国在科技领域的实力，也促进了国际间的科学交流与合作，推动了全球科学研究的进步。

03

光学望远镜

扫码观看在线课程

光学望远镜通过接收光学波段的辐射来研究天体，可以进一步分为地基光学望远镜和天基光学望远镜。

位于河北省兴隆县燕山山脉的郭守敬望远镜，是目前世界上获得光谱数量最多的兼具大视场和大口径的地基光谱巡天望远镜。

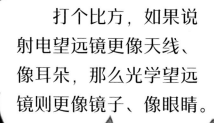

打个比方，如果说射电望远镜更像天线、像耳朵，那么光学望远镜则更像镜子、像眼睛。

郭守敬望远镜拍摄一次可以获取约 4000 个天体的光谱。我国的天文学家利用它的观测数据，搜寻到了很多奇异天体。

∨ 郭守敬望远镜

科学家档案

姓　　名▶郭守敬。

职　　业▶天文学家、水利学家。

人物简介▶他一生改进和创制了多种仪器。利用这些仪器，他做了许多精密观测。此外，他还完成了多部天文学著作。

成　　就▶他和王恂等人共同编制了《授时历》。

我们接下来看天基光学望远镜。

中国空间站巡天空间望远镜就是一款天基光学望远镜，它以中国空间站为太空母港，与中国空间站共轨独立飞行，能够捕捉近紫外至可见光波段的天体辐射。中国空间站巡天空间望远镜的视场约是哈勃空间望远镜的 300 倍。

∨ 中国空间站

中国空间站巡天空间望远镜一旦投入使用，它将成为近紫外和可见光范围内最大的天基巡天望远镜，为人们打开新的宇宙探测窗口，展现宇宙新的面貌。

中国空间站

中国空间站包括"天和"核心舱、"问天"实验舱、"梦天"实验舱、"神舟"载人飞船和"天舟"货运飞船，共五个模块。各模块既是独立的飞行器，又可以与核心舱组合成多种形态的空间组合体，在核心舱统一调度下协同工作，完成空间站的各项任务。

2022 年 11 月 3 日，中国空间站"梦天"实验舱顺利完成转位，标志着中国空间站 T 字基本构型在轨组装完成。

近几十年来，我国天文观测发展迅速，已取得了多项举世瞩目的科学发现，揭示了神秘的能量爆发、精确测定了遥远天体的磁场，引领天文领域进入了新的发展阶段。

我相信人类对宇宙的探索不会止步！

浩瀚宇宙等着人类来探索！

通过望远镜探索宇宙的历史在人类认识宇宙的历程中只有 400 多年，宇宙中尚有很多未知的疆域等待我们去发现。

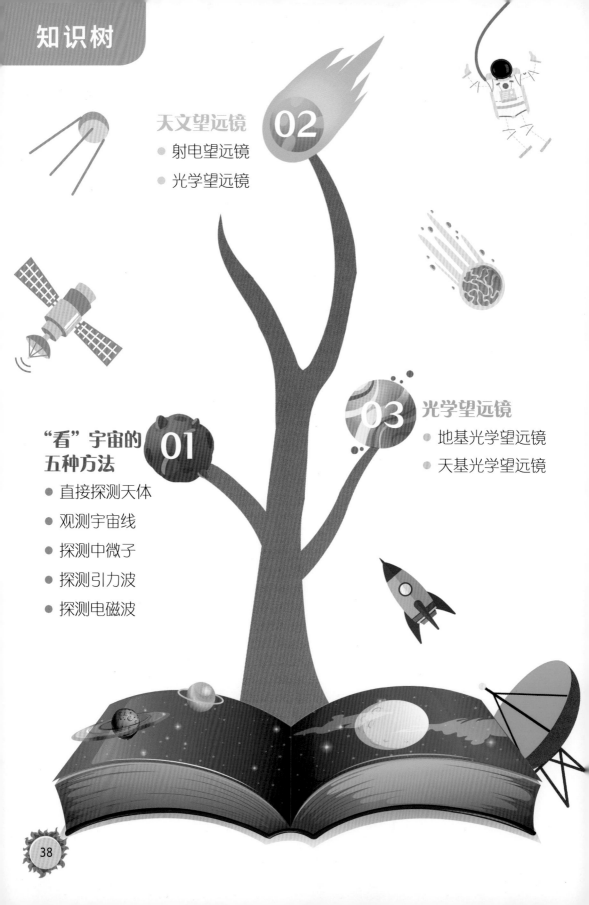

天文望远镜 02
- 射电望远镜
- 光学望远镜

"看"宇宙的五种方法 01
- 直接探测天体
- 观测宇宙线
- 探测中微子
- 探测引力波
- 探测电磁波

03 **光学望远镜**
- 地基光学望远镜
- 天基光学望远镜